AF371191

SECOND MÉMOIRE

SUR

LE RAPPORT DES EXPERTS,

EN FAVEUR

DE LA NOUVELLE DISTILLATION

SANS LE CONCOURS DE L'EAU;

CONTRE

M. BAGLIONI, soi-disant inventeur de la continuité, et de l'action immédiate des vapeurs sur le liquide fermenté.

Par TACHQUZIN.

Loi du 7 Janvier 1791.

ART. 16. « LA description de la découverte
» énoncée dans une patente, sera de même ren-
» due publique, et l'usage des moyens et pro-
» cédés relatifs à cette découverte ; sera aussi
» déclaré libre dans tout le royaume, lorsque le
» propriétaire de la patente en sera déchu ; ce
» qui n'aura lieu que dans les cas ci-après déter-
» minés :

» 1.º Tout inventeur convaincu d'avoir , en
» donnant sa description , recélé ses véritables
» moyens d'exécution, sera déchu de sa patente.

» 2.º Tout inventeur convaincu de s'être servi,
» dans ses fabrications, des moyens secrets qui
» n'auraient point été détaillés dans la descrip-
» tion, ou dont il n'aurait pas donné sa déclara-
» tion, pour les faire ajouter à ceux énoncés dans
» sa description, sera déchu de sa patente.

» 3.º Tout inventeur ou se disant tel, qui sera
» convaincu d'avoir obtenu une patente pour des
» découvertes déjà consignées, et décrites dans
» des ouvrages imprimés et publiés, sera déchu
» de sa patente.

» 4.º Tout inventeur qui, dans l'espace de
» deux ans, à compter de la date de sa patente,
» n'aura point mis sa découverte en activité, et
» qui n'aura point justifié les raisons de son inac-
» tion, sera déchu de sa patente.

» 5.º Tout inventeur qui, après avoir obtenu
» une patente en France, sera convaincu d'en
» avoir pris une pour le même objet en pays
» étranger, sera déchu de sa patente.

» 6.º Enfin, tout acquéreur du droit d'exercer
» une découverte énoncée dans une patente, sera
» soumis aux mêmes obligations que l'inventeur,
» et s'il y contrevient, la patente sera révoquée,
» la découverte publiée, et l'usage en deviendra
» libre dans tout le royaume ».

Avant d'en venir au rapport des experts, il
faudrait savoir si M. Baglioni avait le droit de

provoquer l'expertise d'un objet, pour lequel tant d'autres ont été brevetés; si je n'aurais pas le droit moi-même de faire justifier ses pouvoirs pour une affaire générale. Certes, je n'ai point l'intention d'éviter cette attaque partielle; je puis, Dieu merci, parer à un brevet d'invention, avec un brevet de perfection, sauf à revenir à l'arsenal, si cette arme est insuffisante.

Mon idée se fonde sur le jugement rendu par le Tribunal de première instance de Bordeaux, à la date du 24 Novembre 1815, non pas sur une cause semblable, mais parfaitement la même, entre MM. Baglioni et Cellier-Blumenthal, avec cette différence cependant, que le premier défend aujourd'hui les prétentions de celui qu'il fit condamner alors.

Le Tribunal y reconnaît qu'il ne peut y avoir de contestation en matière de brevet d'invention, que pour la priorité; et qu'y eût-il priorité, faut-il qu'il y ait encore identité de but et d'espèce?

Que dans le cas présent, il n'y a pas identité de but, parce que M. Cellier a obtenu un brevet pour un appareil simple, et que M. Baglioni l'a obtenu pour la distillation continue.

Il n'y a pas identité d'espèce, parce que dans l'appareil de M. Cellier, l'agent principal de la machine, est des plaques placées horisontalement ou verticalement, tandis que dans celui de M. Baglioni, c'est la vis d'Archimède.

Voici l'application de cette décision.

Il n'y a pas identité de but, parce que M. Baglioni n'a obtenu son brevet que pour un appareil continu, pour l'eau-de-vie seulement, tandis que je l'ai obtenu pour un appareil a la vapeur sans le concours de l'eau, et pour tous les titres des esprits.

Je dis encore à M. Baglioni que si le jugement a consacré la continuité, j'en fais appel au nom de la nature qui la lui refuse; et s'il s'obstine à vouloir la garder, en faisant valoir la péremption, je lui présente mon écusson où est écrit en entier l'article 16 de la loi.

Il n'y a pas identité d'espèce, parce que dans l'appareil de M. Baglioni, l'agent principal est des plateaux convexes et concaves enfermés dans un cylindre pour deux opérations, dont la première est de convertir le vin en vapeurs; la seconde, de condenser une portion de ces vapeurs par le vin, agent principal qui ne vaut rien, au dire même des experts; tandis que dans le mien, c'est un filtre dont les disques percés à superficie plate, sont enfermés dans deux cônes pour agir dans une opération seule, qui est celle de convertir le vin en vapeurs; que cet agent n'est pas plus principal que les globes qui sont chargés de l'autre opération, pour condenser les vapeurs.

Je dis encore à M. Baglioni, que s'il a l'intention de conserver son droit privatif sur sa machine, il ne fasse pas porter son invention sur l'agent principal qui opère la distillation : cela avait été imprimé et publié avant sa découverte; et l'article 16 de la loi est sans commentaire.

Comme le public ne serait pas plus éclairé sur la manière dont on veut le servir, si l'affaire en demeurait là, il ne sera pas inutile, je crois, de la traiter au fond.

L'erreur de mes confrères les inventeurs (s'il m'est permis de prendre ce titre après avoir payé), ne vient pas de la chose en elle-même, mais du mot qu'ils lui appliquent, en la rapportant à leur invention. Ma découverte consiste dans la suppression totale de l'eau, agent très-dispendieux, et indispensable à toute distillation ; il est évident que les principes changés, les mêmes machines ne peuvent pas servir telles qu'elles sont ; il faut donc en inventer une nouvelle ; mais faut-il pour cela inventer de nouveaux ressorts pour être véritablement inventeur ? Ne suffit-il pas de leur donner une autre direction qui les fait devenir agens secondaires de principaux qu'ils étaient.

La multiplication des chauffes pour rectifier les esprits étant connue, l'analyse parfaite des vapeurs opérée par le concours de l'eau et dans la même chauffe, se pratiquant depuis long-temps ; la continuité, tant bien que mal étant supposée, ont fait dire avec raison qu'il y avait trois genres de distillation dont les principes étaient différens, quoiqu'ils eussent entre eux beaucoup d'analogie. La suppression de l'eau nécessitant avec des modifications la réunion de quelques-uns des moyens qui s'y trouvent employés, fait naître un nouveau genre de distillation qui, procédant de tous les autres, lui fait donner le nom de perfection ; mais elle a ses principes particuliers, auxquels se rapporte l'invention principale, qui n'est point une partie, mais l'ensemble de la machine qui opère la rectification des esprits, par l'effet seul du calorique.

La loi veut qu'on déclare si l'objet présenté est d'invention ou de perfection ; outre qu'il y a plus de mérite à perfectionner des bonnes choses qu'à en inventer de mauvaises, le mot ne fait encore rien, si les agens de l'objet perfectionné ne sont plus les mêmes. Voilà une hérésie, disent les plus passionnés contre la perfection ; il n'est pas permis, sous aucun prétexte, de prendre ce qu'on a pris par brevet d'invention : ainsi, ceux qui sont en possession des Bains-Marie, peuvent réclamer pour ce fait ; Solimani a des droits au bain des vapeurs ; Adam peut l'arrêter sans contredit, quoiqu'il prétende, mal à propos, que plus le nombre des œufs est grand, plus la rectification est complète ; mais il l'a dit le premier, cela suffit ; d'ailleurs, la forme des condensateurs est à peu près la même ; Bérard est là pour lui opposer son cylindre, il ne souffrira pas que les vapeurs passent sans pression : tels sont les droits des anciennes puissances dont le brevet est expiré, mais qui fut renouvelé pour ménager moins l'eau. M. Alègre, pour ne pas dire son secret, garde l'incognito ; le chariot, tout intrus qu'il est,

veut disputer le fourneau ; et M. Cellier-Blumenthal ; à ce mot, la mouche du coche s'écrie : c'est
moi qui fais tout !

C'est bien le cas de faire la confession des
animaux de la fable, et je puis la faire avec d'au-
tant plus de raison, que le haro est déjà parti.
Je dirai donc avec vérité, que j'ai fait en petit
ce que tous ces Messieurs ont fait en grand ; j'ai
pris aux uns sciemment parce que je les connaissais ; j'ai pris aux autres par hasard, parce que je
ne les connaissais pas ; mais par un effet tout par-
ticulier de la fortune, il arrive que je n'ai pris
qu'une partie à chacun, qui modifiée, dénaturée
et convertie en brevet d'invention pour le moyen
qu'ils n'ont point énoncé dans le leur, devient
ma propriété exclusive. Ma pensée n'est point la
leur, puisque ce moyen prend une direction qui
tend à une nouvelle idée. Ils ne perdent rien
en perdant une chose qu'ils ne connaissaient pas,
et qu'ils n'ont pas pu faire entrer dans leurs droits
privatifs, dont ils ne cessent pas de jouir. Si je
ne leur prends rien, ils doivent me laisser ce qui
m'appartient : or, s'ils n'ont rien à revendiquer
sur la partie, le tout doit leur être parfaitement
étranger ; ainsi le mot de perfection ne peut pas
me nuire dans toute la rigueur de l'interprétation, parce que je ne l'applique qu'à ma découverte, qui est un nouveau genre d'industrie. De
la combinaison et de l'assemblage de toutes ces
parties, résulte une machine nouvelle qui est de
mon invention, et dans laquelle se résout rigou-

reusement le problême de la distillation sans le concours de l'eau. Cette combinaison est telle que je puis faire tout ce qu'ils font, sans employer aucun de leurs agens, et qu'ils ne peuvent pas faire ce que je fais avec la réunion de tous leurs moyens , même en se servant de l'eau.

Leurs prétentions sur la machine est donc illusoire, puisqu'ils n'y ont pas un seul ressort ; ses fonctions tiennent à la disposition de ses organes : si on en dérange un seul, rien ne va. Tout esprit un peu juste connaît la ligne de partage qui se trouve entre deux procédés analogues ; ici la différence est si grande, que l'analogie disparaît à la vue de l'objet, comparé avec tous ceux qui ont été pratiqués, consignés, décrits et publiés jusqu'à ce jour ; et il faudrait avoir l'esprit bien faux (quelle que peut être la prévention) pour ne pas reconnaître cette différence.

Je dis donc à M. Baglioni ce que je dirai à tous les autres ; vous avez été breveté pour un objet, moi pour un autre ; il faudrait, au terme de la loi , que la ressemblance fût absolue, pour me faire déchoir ; comment s'y trouverait-elle s'il n'y a pas identité de but et d'espèce ? Vous le reconnaissez vous-même , puisque vous ne me contestez qu'une partie. Y eût-il encore identité de but et d'espèce (chose impossible), l'article même de la loi que vous invoquez, vous condamne , puisqu'il permet de convertir la partie contestée en brevet de perfection, pour le moyen qui n'aurait pas été énoncé ?

Cette partie perfectionnée n'est plus votre propriété, elle m'appartient par privilége exclusif :
que me demandez-vous ? Il faut écrire et parler
une fois de l'invention principale, à laquelle
vous prétendez faire rapporter cette partie. Gardez-
vous bien de faire valoir dans la capitulation la
continuité ? Vous savez ce que j'en ai dit. Gardez-
vous aussi de parler de l'action immédiate des
vapeurs sur le vin ? Vous savez ce que je puis
en dire.

RAPPORT.

« En vertu d'un jugement rendu par Monsieur
» le juge de paix, relatif à la contestation élevée
» entre les sieurs Baglioni et Tachouzin, nous
» soussignés, pharmaciens de Bordeaux, experts
» nommés pour procéder à l'examen de l'appareil
» établi par le sieur Tachouzin, et pour vérifier
» si les moyens principaux qu'il emploie sont ou
» non les mêmes que ceux du sieur Baglioni, etc.
» En conséquence de notre mission après la pres-
» tation du serment, nous nous sommes trans-
» portés dans une maison, où le sieur Tachou-
» zin nous a présenté son appareil distillatoire
» continu en activité, alimenté par du vin blanc
» de mauvaise qualité, de l'année 1816, don-
» nant un esprit très-limpide, marquant trente-
» quatre degrés aréomètre de Beaumé, lequel
» esprit nous a paru de bonne qualité. Cet ap-
» pareil, qui est tout en cuivre, se compose des
» parties suivantes :
» 1.º Une chaudière disposée de manière à ce

» que le calorique frappe le liquide qu'elle con-
» tient dans une surface beaucoup plus considé-
» rable que d'ordinaire.

» 2.º d'une pyramide tronquée, entourée d'une
» enveloppe cylindrique, et garnie intérieure-
» ment de vingt-cinq disques, laquelle est placée
» sur le chapeau de la chaudière, etc ».

J'ai eu l'honneur d'observer à Messieurs les experts qu'il n'y a pas de chaudière, et que ces parties, qui n'en font qu'une, sont d'invention nouvelle, qui ont mérité de fixer l'attention du comité consultatif de Paris ; qu'elles m'ont été renvoyées par le Ministre, pour les déposer au secrétariat du département, afin de les convertir en brevet d'invention, comme ils ont pu s'en convaincre eux-mêmes par la description et les lettres de M. le Sous-Secrétaire-d'État.

« 3.º Des condensateurs qui communiquent des
» uns aux autres par des tubes.

» 4.º D'un condenseur par où passe le vin
» froid, et auquel se trouve un conduit qui porte
» le vin dans un globe placé dans une cuve qui
» reçoit les vinasses bouillantes.

» On remarque à la vue de cet appareil, que,
» par l'heureuse idée de faire séjourner le vin
» dans les vinasses bouillantes, il arrive très-
» chaud au bas de l'enveloppe cylindrique, et
» que sans priver les vapeurs aqueuses qui rem-
» plissent la pyramide du calorique dont il faut
» qu'elles soient chargées pour opérer la décom-
» position du vin, celui-ci se trouve aussi chaud

» que possible, lorsqu'il tombe sur les disques
» diviseurs.

» L'analyse du vin, la distillation , la recti-
» fication de ses produits , et le retour des fleg-
» mes s'opèrent dans cet appareil sans la moin-
» dre pression; la condensation des vapeurs a
» lieu par l'effet de l'air atmosphérique et du
» vin , sans qu'on ait nullement besoin d'eau.

» Cet appareil, formé de six condensateurs
» piriformes, tel que nous l'avons vu , donne un
» produit spiritueux qui marque trente-quatre de-
» grés , donnera de plus fortes preuves en aug-
» mentant le nombre de ses condensateurs, et
» par leur diminution , on obtiendra des degrés
» inférieurs jusqu'à celui de l'eau-de-vie.

» Après avoir ainsi examiné le système de l'ap-
» pareil du sieur Tachouzin , les principes sur
» lesquels il est fondé, sa marche et les avantages
» qu'il réunit pour la distillation continue des
» liqueurs qui ont subi la fermentation spiritueuse;
» après nous être assurés qu'il est conforme à l'en-
» semble des brevets obtenus par le sieur Tachou-
» zin , et qui sont entre nos mains , nous avons
» pris connaissance de ceux délivrés au sieur Ba-
» glioni , afin de vérifier s'il y avait identité entre
» les appareils décrits par celui-ci, et l'appareil
» à distillation continue du sieur Tachouzin.

» Avant d'aller plus loin , nous croyons devoir
» observer que l'agent de la distillation est le ca-
» lorique , et que son action est modifiée à l'in-
» fini, par les moyens principaux qu'on emploie;

» ces moyens sont : 1.º le mode d'application du
» calorique sur le liquide fermenté ; 2.º le sys-
» tème de l'appareil dans lequel la distillation a
» lieu ; la distillation devient continue lorsque
» du vin très-chaud et très-divisé est en contact
» prolongé avec des vapeurs aqueuses dans un
» appareil convenable.

» Les principes de la distillation , soit par
» chauffe , soit continue , sont la propriété pu-
» blique ; et les moyens de distiller par des ap-
» pareils particuliers, appartiennent à ceux qui les
» ont conçus, si leur invention est constatée par
» brevet, conformément aux lois.

» Partant de ces données , le sieur Baglioni a
» composé divers appareils à distillation conti-
» nue , qui lui ont fourni des résultats plus ou
» moins satisfaisans ; il a été breveté pour plu-
» sieurs , qui depuis ont reçu par lui des mo-
» difications , des additions et des perfection-
» nemens qu'il n'entre pas dans notre mission
» d'indiquer.

» Le seul de ces appareils qui a dû fixer notre
» attention , est celui qui se trouve décrit dans
» le brevet que le sieur Baglioni obtint le vingt-
» huit Janvier mil huit cent quatorze , et pour
» lequel il a été définitivement breveté le dix-
» neuf Avril mil huit cent seize ».

N'allons point plus avant, l'horison s'obscur-
cit : après la revue des brevets légaux du sieur
Baglioni, tels qu'ils ont été présentés à M. le
Juge , et dont la nomenclature est indiquée

dans le jugement préparatoire, vous dites que vous n'y avez rien trouvé qui peut mériter de fixer votre attention ; vous avez fait justice et votre mission est remplie.

Il s'agit à présent de savoir si dans le panégirique de la pyramide, la louange n'est pas entièrement épuisée, ou si la suite du rapport n'est qu'un prétexte pour parler de la colonne, afin de jeter quelques fleurs sur sa gloire éclipsée. L'allégorie est ingénieuse, mais comme tout le monde n'est pas au courant, il est bon d'éviter l'interprétation d'un sens malin, auquel pourrait donner lieu l'obscurité du paragraphe précédent.

En effet, voilà une invention brevetée le 28 Janvier 1814; puisqu'un brevet n'est autre chose qu'une description, la loi veut, sous peine de déchéance, qu'elle soit mise en activité dans les deux ans; il ne doit plus être question de ce brevet.

Elle a été définitivement brevetée le 19 Avril 1816; mais les brevets provisoires sont délivrés sur la demande, et proclamés dans le trimestre suivant; à cette époque, l'inventeur était à deux mille lieues d'ici; il n'a pas été présenté en justice; le jugement n'en fait pas mention; on ne donne que des copies; quelle perte pour l'industrie, si l'original avait demeuré dans quelque coin poudreux de bureau !

J'aurais sans doute le droit de dire aux experts : vos yeux étant ceux de la justice, vos mains ne doivent toucher que des brevets; mais j'aime trop les arts utiles à la société, pour me servir d'une chicane de procureur ; passez pardessus les écrits, pour présenter l'invention qui a fixé votre attention ; je ne serai pas fâché, en mon nom, de trouver l'occasion de justifier votre opinion, en mettant la comparaison dans la balance de Thémis ?

« Un ancien modèle de cet appareil nous a
» été présenté en petit, n'ayant pas encore été
» exécuté en grand ; il se compose de douze pla-
» teaux convexes et concaves ; ces plateaux sont
» réunis par un tube qui leur sert de noyau, et
» sont renfermés dans une colonne ».

Si c'est l'appareil que j'ai vu sur la table, il ne faut pas de colonne ; il suffit d'un étui, puisque, depuis quatre ans qu'il est né, il n'est pas plus grand que le pouce ; c'est fini, il ne grandira plus. Tel qu'il est, le voilà dans la balance, avec un appareil complet, auquel les experts ne trouvent pas un seul défaut, et qui convertit réellement en esprits rectifiés dix tonneaux de vin dans vingt-quatre heures, par des moyens inconnus jusqu'à ce jour ; si la balance penche du côté de la fiction, la découverte est pleine d'imagination.

« Cette courte description suffit pour signaler
» le motif sur lequel le sieur Baglioni se fonde,
» lorsqu'il met en fait que le sieur Tachouzin a
» établi son appareil sur le même principe pour
» lequel il a été breveté ; réclamation qui a né-
» cessité les deux questions qui nous sont sou-
» mises par M. le Juge de paix ».

Vous avez raison, Messieurs ; cette description n'est qu'un prétexte ; le véritable motif est le principe pour lequel il a été breveté ; ce principe est la continuité, et l'action du calorique, principe dont il s'est paré jusqu'à ce jour, et qu'il couvre maintenant d'un voile obscur; principe qui est la propriété publique, comme vous l'avez proclamé plus haut ; principe dont il ne veut pas parler, parce qu'il sait qu'il ne lui appartient pas; principe enfin qu'il ne connaît pas, comme vous l'observez très-bien. Marchons ensemble pour affranchir l'industrie d'un joug illégal ; que ses agens jouissent des droits que la loi leur donne, mais que l'article 16 soit toujours leur boussole.

1.re *Question*. — « Les moyens principaux em-
» ployés par le sieur Tachouzin, sont-ils ou non
» les mêmes que le sieur Baglioni a décrits dans
» ses demandes en brevet » ?

2.me *Question*. « Les différences qui peuvent
» s'y rencontrer sont-elles de véritables perfec-
» tionnemens, ou de simples changemens de
» formes tendant aux mêmes résultats? Nous fon-
» dant sur l'examen scrupuleux que nous avons
» fait de toutes les pièces qui nous ont été sou-
» mises, nous répondons à la première demande,
» que nous n'avons pas pu nous dissimuler qu'il
» y a de la ressemblance dans la composition de
» la colonne à plateaux coniques pour laquelle
» le sieur Baglioni a été breveté, et les disques
» bassins de la pyramide tronquée du sieur Ta-

» chouzin ; nous ne parlons que de cette partie
» de leurs appareils, vu que c'est la seule qui
» offre de l'analogie.

» Nous trouvons qu'il y a de la ressemblance
» en effet ; la colonne du sieur Baglioni a une
» hauteur, une circonférence et une forme dont
» la pyramide tronquée du sieur Tachouzin se
» rapproche ; les plateaux sont ronds et percés
» d'une infinité de trous ; les disques sont ronds
» et troués en forme de passoire ; les vapeurs
» aqueuses partent du fond de la chaudière du
» sieur Baglioni ; elles partent de même de celle
» du sieur Tachouzin.

» L'expérience n'a pu nous démontrer ce que
» la colonne à plateaux présente d'avantageux,
» attendu qu'elle n'a pas été exécutée assez en
» grand pour la faire distiller ; mais il nous pa-
» raît que le nombre des plateaux est insuffisant
» pour obtenir un résultat parfait ; que la con-
» vexité des uns et la concavité des autres sont
» trop prononcés ; le vin doit couler trop rapi-
» dement pour pouvoir passer par le nombre in-
» fini des trous, et rester assez long-temps en
» contact avec les vapeurs aqueuses, pour rem-
» plir les conditions rigoureuses de la distillation
» continue ».

La convexité, la concavité, et les trous sont
un perfectionnement de l'auteur ; vous n'êtes pas
entrés dans son idée : car il se réserve formelle-
ment dans ses brevets, que les trous dont vous
parlez seront assez petits pour que le liquide n'y

passe pas ; j'aurai occasion de revenir sur cet agent principal.

Vous observez très-bien que la colonne ne peut pas remplir les conditions rigoureuses de la distillation continue ; cela est très-vrai ; il faudrait donc, pour que cet alambic fût dans les causes célèbres, qu'un maître Probando y mit son esprit pour prouver clair comme le jour, que cette invention, sans avoir conçu, était mère de la perfection.

« Les disques du sieur Tachouzin étant au
» nombre de vingt-cinq, mnltiplient extraordi-
» nairement les surfaces entre les vapeurs aqueu-
» ses et le vin chaud. Chacun de ces disques
» présentant un plan horisontal reçoit une couche
» de vin, et ralentit sa marche ; le liquide, en-
» traîné par son poids, traverse le trous ; son
» extrême division favorise l'action des vapeurs
» aqueuses, en prolongeant les points de contact
» entre les deux fluides ».

Si M. Baglioni avait cherché à faire quelque chose par lui-même, il n'aurait pas eu besoin de réveiller Archimède pour soulever son alcohol ; mais il était écrit qu'il n'inventerait rien. Les disques sont des filtres qui, réunis au fourneau, forment une pièce qui est toute d'invention. Voilà la cheville en question, qui est un peu mieux entendue que celle de la colonne vraie ou supposée.

« La forme pyramidale peut aussi présenter
» quelques avantages pour la décomposition du
» vin chaud par le gaz aqueux. Le ressort des

» vapeurs diminuant à mesure de leur ascension
» par l'abandon d'une portion de calorique, leur
» force expansive doit rester la même, si le vais-
» seau diminue progressivement de capacité ».

Cela est physique, et mérite quelques déve-
loppemens pour prouver qu'il n'y a pas chan-
gement de formes, mais de procédé. Tout le
monde sait qu'on peut augmenter l'action du feu
en le mettant plus à profit, sans employer pour cela
plus de combustible. Ici le liquide enveloppe le
feu, et lui présente le plus de surface qu'on peut
lui donner pour recevoir toute son expansion ;
il s'ensuit une plus grande abondance de vapeurs ; le calorique est maintenu dans leur marche dans le cône intérieur qui les comprime, et
les force de réagir sur elles ; le vin qui arrive
toujours bouillant au fond du cône extérieur,
loin de les faire revenir dans l'état liquide, aug-
mente leur volume dans le sommet de la pyramide par l'ascension de ses parties alcoholiques.
L'opération commence par la transformation du
liquide en vapeurs, qui se fait dans le cône extérieur où l'ébullition du vin est maintenue par
l'action médiate des vapeurs de l'autre cône ;
cette transformation s'achève par le passage du
vin dans le filtre.

Comme par la seule ébullition du vin dans
l'enveloppe il se dégage des parties aqueuses qui
suivent l'alcohol, il s'en dégage bien davantage
dans le filtre, où l'intensité du calorique tient la
partie la plus fixe dans l'état de vapeurs : voilà

l'action médiate et immédiate des vapeurs aqueuses sur le liquide. La rectification n'a pu se faire
avec tant de chaleur; la partie alcoholique est
toute vaporisée il est vrai, mais avec beaucoup
d'eau qui est partie avec elle, parce que le vin
arrivant bouillant, il n'y a aucun agent de condensation. Tel est le but de ce mécanisme.

A présent le principe change; ce n'est plus
l'action des vapeurs sur le liquide, mais l'action
sur elles-mêmes; les deux substances encore unies
dans cet état, ne peuvent se séparer qu'en quit-
tant le foyer. Jetées dans des condensateurs ,
dont la chaleur est différente, elles y complètent
leur analyse, en revenant à l'état liquide. La différence de la chaleur qui s'établit dans les condensateurs, vient de l'abandon que les vapeurs
font du calorique en s'éloignant du foyer, et de
la pression de l'air ambiant.

L'eau se condense au-dessous de quatre-vingts
degrés, et l'alcohol au-dessous de soixante-sept;
mais léur disposition à s'unir est telle , qu'il est
reconnu que les vapeurs qui s'élèvent d'un vin
en ébullition, sont un mélange de l'un et de
l'autre, et que la partie aqueuse ne se condense
qu'en entraînant des parties alcoholiques; alors,
il se fait dans chaque condensateur un dépôt de
l'un et de l'autre, proportionné au degré de chaleur qui agit sur chaque substance , en raison de
sa fixité. Il est certain que cette analyse est la plus
parfaite , parce que les deux parties, dans l'état

de vapeurs, cèdent plus facilement à la force d'affinité.

La conduite du vin, la marche des vapeurs, et la contre-marche des flegmes, sont une perfection qui n'a pas été publiée avant l'érection de la colonne; par conséquent, les brevets de M. Baglioni n'en peuvent faire mention.

Ces principes sont nouveaux, inconnus aux inventeurs, et inapplicables à leurs machines. Je suis fâché qu'ils aient échappé aux experts, ils n'auraient pas dit qu'ils étaient suivis par M. Baglioni, tandis qu'il en suit d'opposés. Les vapeurs, dans la colonne, agissent de bas en haut pour vaporiser le vin; le vin agit de haut en bas pour condenser les vapeurs. Le vin n'est jamais trop chaud pour être décomposé parfaitement; mais les vapeurs aqueuses ne se condensent pas avec trop de chaleur. Je n'ai pas besoin de pousser la chose plus loin, pour faire voir que le moyen dont je me sers ne repose pas sur les principes suivis par M. Baglioni.

Les experts ont déjà dit que la distillation devient continue, lorsque du vin très-chaud et très-divisé est en contact prolongé avec des vapeurs aqueuses dans un appareil convenable. C'est l'idée qu'on doit prendre de celui de M. Baglioni, où le vin est toujours en contact avec les vapeurs. Le principe qu'ils établissent pour cet appareil même, en disant que le vin doit être très-chaud, démontre évidemment qu'il n'a pas assez de moyens pour opérer la distillation continue , le vin ne se chauffant que par les vapeurs alcoholiques du condenseur, sont insuffisantes quand elles ne représentent qu'un huitième de la masse ; alors il n'arrive pas assez chaud sur les vapeurs aqueuses pour remplir la condition exigée ; ils doivent donc se dire, s'il n'y a pas d'autre moyen pour chauffer le vin , la distillation ne peut pas être continue.

S'il est nécessaire que le vin soit très-chaud pour être en contact avec les vapeurs aqueuses, ils trouveront un autre inconvénient non moins grand ; s'il est très-chaud , au lieu de condenser ces vapeurs , il s'en élèvera d'autres du vin même qui nuiront à l'opération ; et ils doivent se dire encore, s'il n'y a pas d'autre moyen de condensation pour l'analyse des vapeurs , la rectification ne peut pas avoir lieu dans cet appareil ; il est insuffisant pour remplir les conditions de la distillation continue ; ils ont dit cette vérité morale, en parlant du fœtus à plateaux ; ils auraient dit une vérité physique en parlant des principes.

« L'enveloppe cylindrique, au moyen de laquelle le sieur Tachouzin place une couche de » vin chaud entre la pyramide et l'air atmosphé- » rique, est encore un objet très-digne de re- » marque pour l'ensemble et le succès de son » appareil.

» Quant à la seconde question tendante à sa- » voir si les différences qui peuvent se rencontrer » entre les descriptions du sieur Baglioni, et

» l'appareil présenté par le sieur Tachouzin, sont
» des véritables perfectionnemens industriels ,
» ou des simples changemens de formes tendant
» au même résultat , nous répondons que les
» pièces autres que la pyramide tronquée, qui
» complètent l'appareil du sieur Tachouzin, n'ont
» aucun rapport avec celles décrites par le sieur
» Baglioni. Elles conduisent aux résultats par
» une marche différente , simple et naturelle,
» qui nous paraît mériter une distinction parti-
» culière parmi les progrès que la distillation a
» faits en France depuis quelques années ».

RÉSUMÉ.

« Des faits qui précèdent, et des bases que
» nous avons établies, nous concluons, quant à
» la première question, que le moyen dont se
» sert le sieur Tachouzin , pour opérer la décom-
» position du vin dans sa pyramide , repose sur
» les principes suivis par le sieur Baglioni ».

Ces faits qui précèdent sont, au dire des experts , un appareil complet et sans reproche , qui doit laisser bien peu de chose à faire pour arriver au dernier perfectionnement de l'art, dont le brevet est constaté conformément aux lois ; et une partie imparfaite d'un appareil chimérique, dont le brevet n'est pas constaté conformément aux lois.

En établissant les bases que les principes de la distillation , soit par chauffe, soit continue, sont la propriété publique, que le sieur Baglioni est parti de ces données pour faire son appareil, les experts indiquent clairement que les principes qu'il suit peuvent être suivis par tout le monde. Si leur opinion n'était pas assez concluante, l'art. 16 de la loi est faite pour la fortifier.

» Relativement à la seconde question, nous » reconnaissons que les différences qui se ren- » contrent entre les appareils du sieur Baglioni, » et celui du sieur Tachouzin, sont des véritables » perfectionnemens industriels ».

Ils pouvaient ajouter, avec lesquels il peut combattre aussi avantageusement les prétentions des autres inventeurs.

« Fait à Bordeaux, le premier du mois d'Août » dix-huit cent dix-sept, travail qui a exigé dix » vacations, *signé* Loze, Loche et Lartigue. » Enregistré à Bordeaux, le deux Août mil huit » cent dix-sept, *signé* Boyer. Pour copie con- » forme, délivrée le cinq Août mil huit cent dix- » sept, *signé* Collain, *greffier;* signifiée au sieur » Tachouzin, par Brun, huissier, le onze Août » mil huit cent dix-sept, avec la citation de » comparaître en l'audience de Monsieur le Juge » de paix, le seize du mois susdit ».

Je compare la distillation à une maison, dont les paliers de l'escalier sont couverts d'eau ; le premier est occupé par les pères de cet art ; le second par Adam, Berard et autres ; le troisième indiqué par le comte de Rumford, est occupé sans être achevé par Cisaire, Cellier-Blumenthal,

(24)

et Baglioni ; mon collaborateur Gounon et moi, sommes montés au grenier, par un escalier dérobé ; nous espérons que l'édifice sera dans les proportions ; mais si la perfection de l'art exige qu'on aille plus haut, nous désirons bien ardemment que quelqu'un monte sur le toit.

Les conclusions de l'inventeur seront le sujet de mon troisième mémoire.

Bordeaux, le 14 Août 1817.

A BORDEAUX,

CHEZ LAVIGNE JEUNE, IMPRIMEUR DU ROI, DE S. A. R. Mgr
LE DUC D'ANGOULÊME, ET DE LA PRÉFECTURE.